全国中等职业技术学校机械类通用

工具钳工工艺与技能训练（第二版）习题册

中国劳动社会保障出版社

简介

本习题册是全国中等职业技术学校机械类通用教材《工具钳工工艺与技能训练（第二版）》的配套用书。本习题册紧扣教学要求，按照教材章节顺序编排，知识点分布均衡，题型丰富多样，难易配置适当，有助于学生复习巩固所学知识。

本书由赵孔祥主编，杨洋、孙正见、刘伟佳参编。

图书在版编目（CIP）数据

工具钳工工艺与技能训练（第二版）习题册/赵孔祥主编. --北京：中国劳动社会保障出版社，2017

全国中等职业技术学校机械类通用

ISBN 978-7-5167-3262-5

Ⅰ. ①工… Ⅱ. ①赵… Ⅲ. ①钳工-工艺-中等专业学校-习题集 Ⅳ. ①TG9-44

中国版本图书馆 CIP 数据核字（2017）第 320913 号

中国劳动社会保障出版社出版发行

（北京市惠新东街 1 号　邮政编码：100029）

*

北京谊兴印刷有限公司印刷装订　　新华书店经销

787 毫米×1092 毫米　16 开本　5 印张　119 千字

2018 年 1 月第 1 版　　2024 年 2 月第 4 次印刷

定价：9.00 元

营销中心电话：400-606-6496

出版社网址：http://www.class.com.cn

http://jg.class.com.cn

目　录

第一篇　工具钳工基础

第二篇　工具的结构与制作

第三篇　工具的装配与使用

第一篇　工具钳工基础

第一单元　入门知识

课题一　工具钳工常识

一、填空题（将正确的答案填在横线上）

1. 工具钳工是运用钳工工具及设备对________、________、________、模具、辅具等工艺装备进行制造、装配、安装、________、________和________的职业。

2. 台虎钳夹持工件时要_________，只能用手扳紧手柄，不得借助其他工具来扳动手柄夹紧，以防螺母或其他连接件因________而损坏。

3. 安装砂轮时一定要使砂轮________，并装上________。砂轮装好后必须先试转 3 ~ 4 min，检查其转动是否平稳，方向是否正确，有无________和其他不良现象。

4. 台式钻床简称台钻，是一种________型钻床，它具有结构简单、________、生产效率高、灵活性强、易于维修等特点，应用较为广泛。其规格用_______________来表示。

5. 使用手提式电动工具时，插头必须完好无损，____________，绝缘可靠，使用________，脚下应垫干燥木板或橡胶垫；调换砂轮、钻头时必须__________；若发生故障，应立即停止使用。

6. “6S” 由日本企业的 “5S” 扩展而来，是指在生产现场中对________、__________、材料、方法等生产要素进行有效的管理。

二、判断题（在括号内正确的打“√”，错误的打“×”）

1. 工具钳工的工作场地不必配备有专门的生产设备和工艺装备。（　　）
2. 钳工工作台上所放置的工件和工具，不要使其伸到钳台边缘外，以免碰落损坏。（　　）
3. 夹持工件时要松紧适当，用手扳紧手柄，可借助其他工具来扳动手柄夹紧。（　　）
4. 磨削必须在砂轮转速正常后进行，磨削时，用力不要太猛，以免砂轮碎裂。（　　）
5. 可以用手或嘴吹来清除切屑。（　　）
6. 禁止在行车吊起的工件下面进行任何操作。（　　）

三、问答题

1. 工具钳工有何工作特点？

2．工具钳工的工作任务是什么？

3．使用台虎钳时应注意哪些事项？

4．工具钳工有哪些工作要求？

5．简述6S管理的基本内容。

6. 企业实行6S管理的目的是什么？

课题二　工具钳工常用测量器具及应用

一、填空题（将正确的答案填在横线上）

1. 根据国家标准 GB/T 17164—2008 以及测量器具的用途和特点，测量器具分为________测量器具、________测量器具、__________测量器具、__________________测量器具、齿轮测量器具、螺纹测量器具以及其他测量器具七大类。

2. 长度测量器具包括____________类、____________类、________类和指示表类等。

3. 塞规是一种__________测量器具，它不能读出被测零件的__________，但是能判断被测零件的尺寸是否________。

4. 当用塞规检验工件时，如果________能通过，________不能通过，这就说明这个零件尺寸是合格的。

5. 塞尺是一种具有准确厚度尺寸的单片或成组的薄片，是用于检验__________的实物量具。

6. 游标卡尺具有结构________、使用方便、精度________及测量的尺寸范围________等特点，可用来测量零件的外径、内径、长度、宽度、厚度、深度和孔距等，是一种应用较为广泛的常用量具。

7. 读取游标卡尺的示值时，一般分三步，即________、__________、________。

8. 外径千分尺是一种较________的量具，用来测量加工精度要求________的零件。

9. 外径千分尺在固定套管的基准线两侧分别有两排标记，标有数字的一排间距为1 mm，另一排为每毫米标记的中分线，即上、下两相邻标记的间距为________mm；在微分筒圆锥面的圆周上有________个等分标记。由于外径千分尺测微螺杆的螺距为________mm，因此当微分筒旋转 1/50 周时（转过 1 格），测微螺杆移动的轴向距离为________mm。

10. 指示表的分度值为________mm 的称为百分表，分度值为________mm 和________mm 的称为千分表。

11. 指示表属于长度类指示式测量器具，常用来测量工件的__________、__________和________误差。

12. 使用杠杆百分表时，对于平面工件，测杆轴线应________于被测平面；对于圆柱形工件，测杆轴线要与过被测母线的相切面________，否则会产生较大误差。

13. 内径百分表主要用于测量________和________误差，对于测量深孔极为方便。

14. 量块按材质分为________量块、________量块和陶瓷量块等。其准确度等级分为________级、0级、1级、2级和3级共五个级别，其中________级最高，________级最低。

15. 为了工作方便，减少________误差，选用量块时，应尽可能选用________的组合块数，一般情况下不超过________块。

16. 角度测量器具按制造原理和测量方式可分为________角度测量器具、__________角度测量器具以及光学类角度测量器具。

17. 直角尺是指测量面与基面相互垂直，用以检验________、________和________误差的测量器具。

18. 游标万能角度尺主要用来测量工件的__________，其测量范围为__________，分度值有________和________两种。

19. 游标万能角度尺主标尺每格标记的弧长对应的角度为________，游标尺标记是将主标尺上29°所占的弧长等分为________格，每格所对的角度为________，因此游标尺1格与主标尺1格相差________。

20. 正弦规是一种以间接方法测量零件________或________的精密测量器具，其准确度等级分为________级和________级。

21. 刀口尺主要用来测量工件的________度和平面度误差。

22. 刀口尺的精度等级分为________级和________级两个级别。

23. 水平仪是利用水准器气泡偏移来测量被测平面相对水平面微小倾角的角度测量仪器，俗称气泡式水平仪，常用的有________水平仪、________水平仪和________水平仪。

24. 工具钳工最常用的表面结构质量测量器具是____________________。

25. 用表面粗糙度比较样块进行比对时，只能______________，无法得到表面粗糙度的________。因此，要求检验者具有丰富的实践经验。

二、判断题（在括号内正确的打“√”，错误的打“×”）

1. 圆柱直径具有被检孔径下极限尺寸的为孔用止规。（　）
2. 塞尺使用时可用一片或数片重叠插入间隙，以稍感拖滞为宜。（　）
3. 塞尺允许测量温度较高的零件，但测量时动作要轻，不允许硬插。（　）
4. 不能用游标卡尺测量铸、锻件毛坯尺寸，但可以用游标卡尺测量精度要求很高的工件。（　）
5. 读取示值时，游标卡尺置于水平位置，视线垂直于标尺标记表面，避免视线歪斜造成视差。（　）
6. 外径千分尺的分度值为0.02 mm。（　）
7. 为方便读数，指示表在测量前一般将指针与度盘的“0”标记对齐。（　）
8. 指示表属于长度类指示式测量器具，常用来测量工件的尺寸、形状和位置误差。（　）
9. 游标万能角度尺测量范围为0°～360°。（　）
10. 正弦规的规格用两圆柱中心距 L 表示。（　）
11. 刀口尺应垂直放在工件表面上，并在纵向、横向、对角方向多处逐一进行测量，其

最大直线度误差即为该测量面的平面度误差。 ( )

12. 刀口尺在变换测量位置时，为节约时间，可在工件表面上拖动。 ( )

13. 表面粗糙度比较样块一般用于检查表面质量要求不严格的工件。 ( )

14. 使用表面粗糙度样块测量时，所选用的样块和被检查工件的加工方法必须相同，同时样块的材料、纹理、表面色泽等应尽可能地与被检查工件一致。 ( )

三、选择题（将正确的答案填在横线上）

1. 测量范围 0 ~ 150 mm、分度值 0. 02 mm 的游标卡尺，其外测量的最大允许误差为________mm。

A. 0. 02　　B. ±0. 02　　C. ±0. 03

2. 如图 1—1 所示的读数为________mm。

A. 6. 26　　B. 60. 26　　C. 62. 6

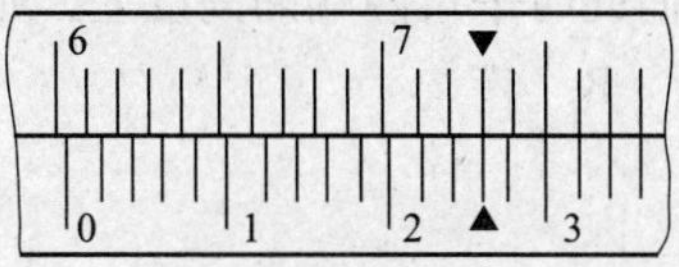

图 1—1

3. 如图 1—2 所示的读数为________mm。

A. 35. 01　　B. 36. 01　　C. 36. 19

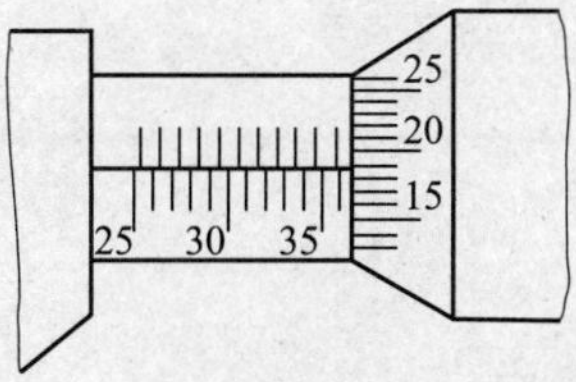

图 1—2

4. 如图 1—3 所示的读数为________mm。

A. 6. 25　　B. 6. 75　　C. 7. 25

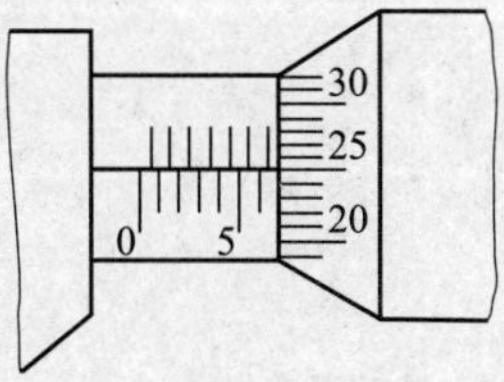

图 1—3

5. 数显卡尺用分辨力来代替分度值，一般为________mm。

A. 0. 001　　B. 0. 01　　C. 0. 02

6. 杠杆指示表具有________个方向的测量功能。

A. 1　　B. 2　　C. 3

7. 直角尺的精度等级分为00级、0级、1级和2级共四个级别，其中________级直角尺主要用于检验量具，________级一般用于检验较精密工件，________级用于检验一般精度的工件。

A. 00　　B. 0　　C. 1　　D. 2

8. 使用游标万能角度尺时，可通过主尺与直角尺和直尺的不同组合形式，将测量范围（0°~320°）划分为________个测量段。

A. 3　　B. 4　　C. 5

9. 正弦规的规格用________表示，常用的有100 mm和200 mm两种。

A. 长度　　B. 宽度　　C. 两圆柱中心距

10. 水平仪是一种测角量仪，它的测量单位用________作标记。

A. 测量长度　　B. 斜率　　C. 倾斜角度

11. 框式水平仪的精度为0.02 mm/1 000 mm，其含义是测量面与水平面倾斜角为________，斜率是0.02/1 000，而此时平尺两端的高度差，则因测量长度不同而不同。

A. 2″　　B. 4″　　C. 6″

四、名词解释

1. 测量范围

2. 分度值

3. 最大允许误差（允许误差极限）

五、问答题

1. 使用塞尺时应注意哪些事项？

2. 叙述分度值为0.02 mm游标卡尺的标记原理。

3. 简述外径千分尺的示值读取方法。

4. 杠杆指示表有何特点？分度值有哪几种？

5. 直角尺有何特点？常用的有哪几种？

6. 使用直角尺时应注意哪些事项？

7. 使用水平仪时应注意哪些事项？

8. 简述表面粗糙度比较样块的使用方法。

六、计算题

1. 如图 1—4 所示，用游标卡尺测得 $M = 80.04$ mm，卡尺每个量爪宽度 $t = 5$ mm，两孔直径分别是 $D = 20.04$ mm，$d = 14.96$ mm，求两孔中心距 L。

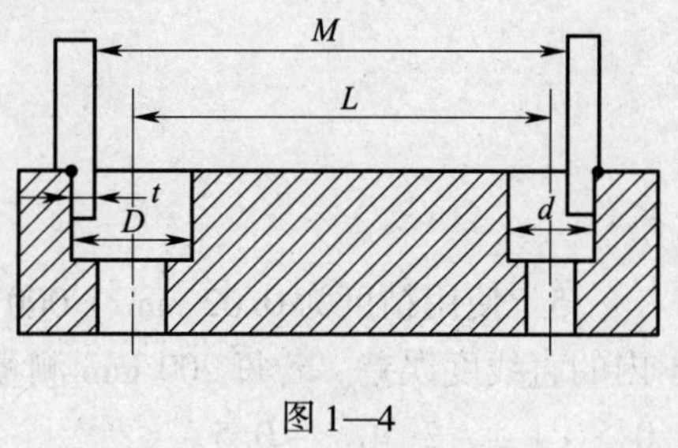

图 1—4

2. 如图 1—5 所示，用游标卡尺测量导轨的宽度，测得 $Y = 100.05$ mm，已知两圆柱直径 $d = 12$ mm，$\alpha = 60°$，求 B 的尺寸。

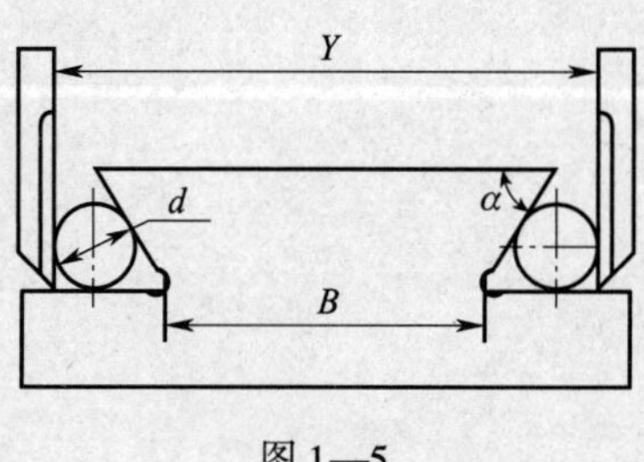

图 1—5

3. 用 83 块一套的量块，组配下列尺寸：45.44 mm、52.215 mm、85.555 mm。

4. 用中心距为 100 mm 的正弦规，测量锥角 $2\alpha = 30°$的工件，求量块的高度。

5. 使用精度为 0. 02 mm/1 000 mm 的水平仪，测量长度为 1 600 mm 的导轨在垂直平面内的直线度误差。若每 200 mm 测量一次，测得结果（格数）依次如下：+1、+0. 5、+1、0、+1、-2、0、-0. 5。

（1）作出直线度误差曲线图。

（2）计算直线度误差值。

6. 用精度为 0. 02 mm/1 000 mm 的水平仪，测量长度为 1 500 mm 的导轨在垂直平面内的直线度误差，分 6 段测得的结果如下：-1、-0. 5、0、+1. 5、+0. 5、-0. 5。

（1）作出直线度误差曲线图。

（2）计算直线度误差值。(用最小区域法)

第二单元 钳工加工技术

课题一 划 线

一、填空题（将正确的答案填在横线上）

1. 划线分为________划线和________划线。在工件几个互成不同角度（通常是互相垂直）的表面上划线，才能明确表示加工界线的，称为________划线。只需要在工件一个表面上划线后即能明确表示加工界线的，称为________划线。

2. 平面划线要选择________个划线基准，立体划线要选择________个划线基准。

3. 划线除要求划出的线条________均匀外，最重要的是要保证________。

4. 立体划线时，尺寸和形位偏差不大的毛坯可通过划线时的________和________方法来补救。

5. 划线基准的类型有____________________________、____________________________和____________________________三种。

6. 当工件上有两个以上不加工表面时，应选__________或__________不加工表面为找正依据，并兼顾其他不加工表面。

7. 钢直尺除了用来量取尺寸、测量工件外，还可作为划直线的__________。

8. 划线时，划针针尖要紧靠导向工具的边缘，上部向外侧倾斜________，向划线移动方向倾斜约________。

9. 分度头的主要规格是以________________到底面的高度（mm）来表示。

二、判断题（在括号内正确的打"√"，错误的打"×"）

1. 划线是机械加工的重要工序，广泛地用于成批生产和大量生产。（ ）

2. 划线应从划线基准开始。（ ）

3. 为使划线清晰，划线前应在铸、锻件毛坯上涂一层划线蓝油，在已加工表面上涂一层石灰水。（ ）

4. 利用分度头可在工件上划出水平线、垂直线、倾斜线和圆的等分线或不等分线。（ ）

5. 用分度头划线时，一般应尽可能选用孔数较少的孔圈，因为孔圈的孔数越少，分度误差越小。（ ）

6. 合理选择划线基准是提高划线质量和效率的关键。（ ）

三、选择题（将正确的答案填在横线上）

1. 一般划线精度能达到________。

A. 0.025 ~ 0.05 mm　　B. 0.25 ~ 0.5 mm　　C. 0.25 mm 左右

2. 经过划线确定的加工尺寸，在加工过程中可通过________来保证尺寸准确度。

A. 测量　　B. 划线　　C. 加工

3. 毛坯上有不加工表面时，按不加工表面找正后再划线，可使加工表面与不加工表面之间保持________均匀。

A. 尺寸　　B. 形状　　C. 尺寸和形状

4. 分度头的手柄转 1 周时，装夹在主轴上的工件转________周。

A. 1　　B. 40　　C. 1/40

四、名词解释

1. 划线

2. 划线基准

3. 设计基准

4. 找正

5. 借料

五、问答题

1. 划线的作用有哪些？

2．选择划线基准的基本原则是什么？为什么要确定该原则？

3．划线前的准备工作有哪些？

4．划线找正时应注意哪些问题？

六、计算题

利用分度头在一工件的圆周上划出均匀分布的 15 个孔的中心，每划完一个孔中心后，手柄应转过几圈后再划第二条线？

课题二 錾削、锯削与锉削

一、填空题（将正确的答案填在横线上）

1. 錾子一般用____________材料锻成，经热处理后切削部分硬度可达到________________。

2. 錾子由头部、錾身及________部分组成，头部顶端略带________，以便锤击时作用力容易通过錾子的中心线。

3. 钳工常用的錾子有________、________和________三种。

4. 选择錾子楔角时，在保证足够________的前提下，应尽量取________数值。

5. 錾子________与切削平面的夹角称为后角。后角的大小取决于________________，其作用是________________________。

6. 挥锤的方法有________、________和________三种。

7. 用手锯对材料或工件进行________或________的加工方法称为锯削。

8. 锯弓用于安装和张紧锯条，有________式和________式两种。

9. 锯条的分齿形式有________和________两种。

10. 锯条的规格包括________规格和________规格两部分。

11. 锯条按使用的材质分为碳素结构钢、________、________、________和双金属复合钢锯条五种类型。

12. 锉刀用优质碳素工具钢________或________制成，经热处理后切削部分硬度可达________。

13. 锉刀按用途不同，可分为________锉、________锉和________锉三类。

14. 普通锉刀规格分为________规格和________规格。其中方锉的尺寸规格用________尺寸表示，圆锉的尺寸规格用________表示，其他锉刀则用________表示。

15. 普通锉刀锉纹粗细规格以锉刀每________mm 轴向长度内________的条数表示。

16. 锉刀的选择应根据工件表面形状、________、________、________的大小以及加工精度和表面粗糙度要求高低来选用。

17. 锉削圆球时要同时完成三种运动，即锉刀的________、________和________。

二、判断题（在括号内正确的打“√”，错误的打“×”）

1. 錾子的前角、后角和楔角之和为90°。 （ ）

2. 扁錾和尖錾均用于錾削沟槽及分割曲线形状的板料。 （ ）

3. 为使錾削时省力，应选择较大的錾削前角。 （ ）

4. 錾削时后角一般取5°～8°。 （ ）

5. 锯削是一种粗加工方式，平面度一般可控制在0.5 mm 之内。 （ ）

6. 锯条（全称为手用钢锯条）的种类较多，按其特性可分为全硬型（代号 H）和超硬型（代号 C）两种类型。 （ ）

7. 锯条的长度规格用两销孔中心距表示（钳工常用长度为 300 mm 的锯条）。（　）

8. 锉刀的锉齿排列有单双之分，其中双齿纹锉刀的主、辅锉纹斜角相同。（　）

9. 锉刀面是锉刀的主要工作面，其中主锉纹起主要切削作用，辅锉纹起分屑作用。（　）

10. 当锉削铜、铝等软金属以及加工余量大、精度低、表面要求较粗糙的工件时，一般选用齿纹较粗的锉刀。（　）

三、选择题（将正确的答案填在横线上）

1. 錾削中等硬材料时，楔角取________。

A. 30°～50°　　B. 50°～60°　　C. 60°～70°

2. 锤子的锤体用碳素工具钢制成，并经淬硬处理，其规格用锤体的________表示。

A. 长度　　B. 质量　　C. 体积

3. 錾削时，錾子切入工件表面过深的原因是________。

A. 前角太大　　B. 楔角太大　　C. 后角太大

4. 当錾削距尽头约________mm 左右时，必须调头錾去余下的部分，以防材料崩裂。

A. 10　　B. 15　　C. 20

5. 为防止锯条卡住或崩裂，起锯角一般不大于________。

A. 10°　　B. 15°　　C. 20°

6. 锯削软材料或切面较大的工件时，应选用齿距________的锯条。

A. 较大　　B. 较小　　C. 中等

7. 锯削管子或薄板材料时，必须选用齿距________的锯条。

A. 较大　　B. 较小　　C. 中等

8. 锉削的尺寸精度可达________mm。

A. 0.1　　B. 0.05　　C. 0.01

9. 锉削速度一般为________次/min 左右。

A. 30　　B. 40　　C. 60

10. 锉刀的粗细通常划分为 1～5 号，其中粗锉刀指的是________号，中粗锉刀指的是________号，细锉刀指的是________号。

A. 1　　B. 2　　C. 3

D. 4　　E. 5

四、问答题

1. 简述錾子楔角、后角、前角的定义及对錾削的影响。

2. 简述錾削时的安全注意事项。

3. 什么是锯条的分齿？锯条分齿的目的是什么？

4. 锯条的粗细规格用什么表示？HTA300 × 10. 7 × 1. 4 的含义是什么？

5. 简述锯削的操作要点。

6. 进行锉削加工时应如何选择锉刀？

7. 常用的基本锉削方法有哪几种？分别应用于什么场合？

8. 简述外圆弧面锉削方法及特点。

课题三　刮削、研磨与抛光

一、填空题（将正确的答案填在横线上）

1. 根据被刮削面的形状，刮削分为________刮削和________刮削两种。经过刮削的工件能获得很高的________精度、形状精度、________精度和很小的表面粗糙度值。

2. 刮削时一般按________刮、________刮、________刮和刮花的步骤进行。

3. 刮削常用的显示剂有________和蓝油两种，前者广泛用于________等黑色金属工件上，后者用于________________________工件上。

4. 检查刮削接触精度的方法常用 25 mm×25 mm 正方形方框内的________检验。粗刮要求 25 mm×25 mm 正方形方框内有________个研点，细刮要求 25 mm×25 mm 正方形方框内有________个研点。

5. 刮花的目的一是为了增加刮削面的________；二是为了改善滑动件之间的________

条件，并且还可以根据花纹消失的多少来判断平面的________程度。

6. 研磨可使工件获得精确的________、________和________的表面粗糙度值。

7. 常用的研具材料有________、__________、__________和__________。

8. 研磨剂是指用于研磨的，由________、________和辅助材料制成的混合剂。

9. 不同形状的工件需要不同形状的研具，常用的研具类型有__________、__________和__________三种。

10. 固定式研磨环制造简单，但磨损后无法________，多用于________的研磨。

11. 国家标准把磨料的粒度分为________和________两部分。其中，GB/T 2481.1—1998 将________划分为 F4 ~ F220 共 26 个号，GB/T 2481.2—2009 将__________划分为 F230 ~ F2000 共 13 个号。

12. 手工研磨的运动轨迹有________形、________形、________形、________形和仿 8 字形等。

13. 圆柱面的研磨一般是________与________配合进行研磨。

14. 在车床上研磨外圆柱面，是通过工件的________和研具在工件上沿轴向作________运动进行的。

15. 抛光表面具有_________到________且没有明显的线条纹。

16. 抛光不仅增加工件的美观，而且能够改善材料表面的________、________，还可以使塑料制品易于________，减少生产注塑周期等。

17. 磨头主要用来磨削抛光模具__________部位，磨削抛光时，应选用与抛光部位形状________的磨头。

18. 手持抛光磨石属于固结磨具的一种，在国家标准 GB/T 4127.11—2008 中按截面形状将抛光磨石分为长方抛光磨石、________抛光磨石、________抛光磨石、________抛光磨石、________抛光磨石和刀形抛光磨石等。

19. 使用抛光轮时，应安装在________式抛光机上，并借助适宜的______________对工件进行抛光加工。

20. 抛光剂在常温下分为________抛光剂、________抛光剂和________抛光剂。

21. 由于抛光剂中的磨料种类、粒度以及辅助材料有所不同，因此在选用抛光剂时，应根据被抛光工件的________以及各________的具体要求，选择适宜的抛光剂。

二、判断题（在括号内正确的打"√"，错误的打"×"）

1. 调和显示剂时，粗刮应调得稀些，精刮应调得干些。（　）
2. 刮削具有切削量大、切削力大、产生热量大、装夹变形大等特点。（　）
3. 粗刮的目的是增加研点，改善表面质量，使刮削面符合精度要求。（　）
4. 大型工件研点时，将研具固定，工件在研具表面上进行研点。（　）
5. 经过刮削后的工件表面组织变得比原来疏松。（　）
6. 研磨后尺寸精度可达 IT5 ~ IT3。（　）
7. 有槽研磨平板用于精研，光滑研磨平板用于粗研。（　）
8. 软钢韧性较好，不容易折断，常用来做小型工件的研具。（　）
9. 磨料在研磨中起切削作用，研磨效率、研磨精度与选用磨料的种类和粒度有密切的

关系。 (　　)

10. 抛光锉刀主要用来锉削抛光模具的细小部位，通常安装在往复式抛光机上使用。 (　　)

11. 粗、精抛光过程可以在同一工作地点完成，但要注意将上一道工序残留在工件表面的磨料清洗干净。 (　　)

三、选择题（将正确的答案填在横线上）

1. 粗刮时，刮刀楔角取________。

A. 90°~92.5°　　B. 95°　　C. 97.5°

2. 细刮时，刮削方法采用________。

A. 连续推铲法　　B. 短刮法　　C. 点刮法

3. 对于轴瓦研点时，在轴承长度方向上，________研点可以少些，以获得良好的工作效果。

A. 一端　　B. 中间　　C. 两端

4. 研磨是微量切削，因此研磨余量不能太大，一般为________mm。

A. 0.002~0.005　　B. 0.005~0.030　　C. 0.05~0.40

5. 研具材料应比被研磨的工件材料________。

A. 软　　B. 硬　　C. 软或硬

6. 研磨中起稀释、润滑和冷却作用的是________。

A. 磨料　　B. 分散剂　　C. 辅助材料

7. 在车床上研磨外圆柱面，当出现与轴线小于45°交叉网纹时，说明研磨环的往复运动速度________。

A. 太快　　B. 太慢　　C. 适中

8. 光学镜片模具常采用________抛光方法。

A. 流体　　B. 超声波　　C. 机械

9. 以下属于涂附磨具的是________。

A. 砂纸　　B. 抛光磨头　　C. 抛光磨石

10. 在进行每一道打磨抛光工序时，磨具应从不同的________方向去打磨抛光，以避免工件产生波浪等高低不平现象，直至消除上一级的砂纹。

A. 45°　　B. 90°　　C. 180°

四、名词解释

1. 抛光

2. 涂附磨具

3．机械抛光

五、问答题

1．什么是刮削？刮削有哪些特点？

2．简述平面刮削方法及工艺要求。

3．什么叫研磨？研磨有何特点？

4. 对研具材料有哪些基本要求？常用研具材料有哪几种？

5. 研磨剂由哪些成分组成？各种成分的作用是什么？

6. 简述抛光的基本工艺过程。

课题四　钳工辅助操作

一、填空题（将正确的答案填在横线上）

1. 材料弯曲变形的过程分为________阶段、________阶段、________阶段。

2. 材料弯曲变形的过程中，内表面受压________，外表面受拉________，在内、外表面之间必然存在弯曲时既不伸长也不缩短的一层，该层称为__________。

3. 弯形方法按弯形时的坯料温度分为________和________，料厚大于________mm 及直径较大的棒料和管材应采用________。

4. 对于有焊缝的管子，在弯形时，焊缝必须放在________位置，否则管子会________________。

5. 在矫正过程中，材料要受到锤击、弯形等外力作用，使材料内部组织发生变化，造成________、________，这种现象称为冷作硬化。

6. 矫正的方法有________、________、________、弯形法和热矫正法。

7. 按照弹簧受力性质，弹簧主要分为________弹簧、________弹簧、________弹簧和________弹簧四种。

二、判断题（在括号内正确的打“√”，错误的打“×”）

1. 相同材料的弯形，弯形半径越小，表面层材料变形越小。（ ）
2. 如果弯曲半径不变，材料厚度越小，表面变形越小。（ ）
3. 材料弯形时，中性层的长度保持不变，但中性层的实际位置并不在材料的几何中心。（ ）
4. 薄板四周呈波纹状，锤点应从外向内，由密到稀，由重到轻使板料达到平整。（ ）
5. 经矫正后的金属材料，其硬度会提高而性质会变脆。（ ）
6. 对任何大小直径的管子弯形时都必须灌沙，以防管子弯瘪。（ ）
7. 校直轴类零件的方法是：使凸部受压缩短，凹部受拉伸长。（ ）
8. 片簧用于受载不大而轴向尺寸很小的场合，尤其用作各种仪器中的储能装置。（ ）
9. 板弹簧主要受弯曲作用，常用于受载方向尺寸没有限制而变形量又较大的地方。（ ）

三、选择题（将正确的答案填在横线上）

1. 材料弯形后，其内层受压而发生________变化。

   A. 缩短　　B. 伸长　　C. 保持不变

2. 板料制件发生对角翘曲时，就应沿________的对角线锤击，使其延展而矫平。

   A. 翘曲　　B. 没有翘曲　　C. 两条

3. 扭转矫正法主要用来矫正________的扭曲变形。

   A. 板料　　B. 棒料　　C. 条料

四、问答题

1. 什么叫弯形？什么样的材料才能进行弯形？弯形后钢板内、外层材料如何变化？

2. 什么叫中性层？弯形时中性层的位置与哪些因素有关？

3. 什么叫矫正？矫正的实质是什么？

4. 常用的矫正方法有哪几种？分别用在什么场合？

5. 弹簧的主要功用有哪些？

五、计算题

1. 求如图 2—1 所示弯形工件的毛坯长度。其中，a = 100 mm，b = 120 mm，c = 200 mm，r = 5 mm，t = 5 mm。

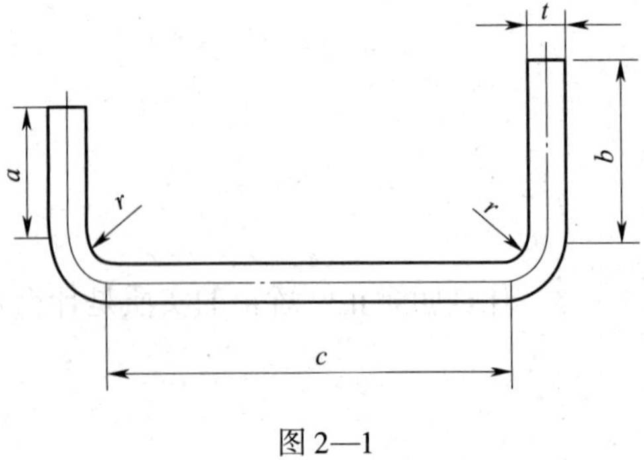

图 2—1

2. 用 ϕ6 mm 圆钢弯成外径为 48 mm 的圆环，求圆钢的落料长度。

3. 计算如图 2—2 所示工件的展开长度。

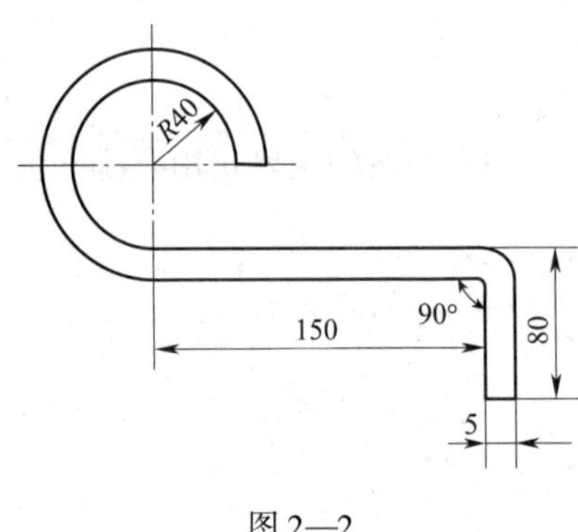

图 2—2

第三单元　孔及螺纹加工

课题一　钻　　孔

一、填空题（将正确的答案填在横线上）

1. 用钻头在实体材料上加工孔的方法称为________。

2. 麻花钻按制造精度等级分为________级和________级麻花钻，其中________级标记“H”，________级不标记；按与钻床的装夹形式分为________麻花钻和________麻花钻。

3. 麻花钻主切削刃上的前角大小是变化的，外缘处________，自外向内逐渐________。

4. 麻花钻主切削刃上的后角大小是________的，外缘处________，越近钻心后角________。

5. 标准麻花钻的顶角 $2\varphi=$ ________，此时两主切削刃呈________。

6. 磨短横刃并增大靠近钻心处的前角，可减小________和________现象，提高钻头的________和切削的________，使切削性能得以改善。

7. 钻削用量的选用原则是：在允许的范围内，尽量先选较大的________，当受到表面粗糙度和钻头刚度的限制时，再考虑选较大的________。

二、判断题（在括号内正确的打“√”，错误的打“×”）

1. 在钻床上进行钻孔时，钻头的旋转是主运动，钻头沿轴向移动是辅助运动。（　　）

2. 为了提高生产效率，钻孔时可在主轴旋转状态下装夹、检测工件。（　　）

3. 一般直径在 5 mm 以上的麻花钻，均需修磨横刃。（　　）

4. 钻孔时进给量要选择合理，钻孔将穿透时，应增大进给力。（　　）

5. 群钻磨出月牙槽，形成凹形圆弧刃，把主切削刃分成 3 段，起到了分屑、断屑的作用，使排屑顺利。（　　）

三、选择题（将正确的答案填在横线上）

1. 麻花钻的螺旋角通常为________。

A. 30°　　B. 45°　　C. 60°

2. 麻花钻横刃处的前角 $\gamma_o=$ ________。

A. −60°～−54°　　B. −30°　　C. 30°

3. 麻花钻顶角越小，轴向力越小，外缘处刀尖角越大，利于________。

A. 切削液的进入　　B. 散热　　C. 排屑

4. 标准麻花钻的顶角 $2\varphi<118°$时，主切削刃呈________。

A．直线　　　　B．凹形　　　　C．凸形

5．当麻花钻后面磨出后，横刃斜角自然形成，其大小与后角有关。标准麻花钻的横刃斜角 $\psi=$ ________。

A．30°~35°　　　　B．50°~55°　　　　C．60°~65°

四、问答题

1．钻削加工有何特点？

2．麻花钻由哪几部分组成？各部分的主要作用是什么？

3．简述麻花钻螺旋角、顶角、前角、后角和横刃斜角的定义。

4．标准麻花钻头有哪些缺点？

5. 简述钻孔的操作要点。

6. 钻孔时应遵循哪些安全文明生产要求？

课题二　扩孔、锪孔与铰孔

一、填空题（将正确的答案填在横线上）

1. 用扩孔刀具对工件上原有的孔进行扩大加工的方法称为________。扩孔加工尺寸精度一般在________之间，表面粗糙度一般在________之间，常作为孔的________及铰孔前的________。

2. 用麻花钻扩孔时，底孔直径约为所要求直径的________倍；用扩孔钻扩孔时，底孔直径约为所要求直径的________倍，进给量为钻孔时的__________倍，切削速度为钻孔时的________。

3. 锪钻按孔口的形状一般分为__________、________和________三种。

4. 锪孔时的切削速度为钻孔时的________。

5. 用麻花钻改制的平底锪钻锪孔时，必须按照“________、________、________”的顺序进行。

6. 用铰刀从工件孔壁上切除微量金属层，以获得较高的________和较小的________，这种对孔精加工的方法称为铰孔。

7. 铰刀是精度较高的多刃刀具，具有切削余量________、导向性________、加工精度高等特点。

8. 铰孔一般尺寸精度可达________，表面粗糙度值可达________。

9. 手用整体圆柱铰刀的切削部分较长，刀齿做成________分布形式；机用整体圆柱铰刀的切削锥角________，校准部分________，刀齿做成________分布形式。

10. 铰削带有键槽的孔应选择________铰刀。

二、判断题（在括号内正确的打“√”，错误的打“×”）

1. 扩孔精度不如钻孔精度高。（　）
2. 用麻花钻扩孔时，应适当减小麻花钻的前角，以防扩孔时扎刀。（　）
3. 铰削时，为了便于断屑和排屑，铰刀应反转。（　）
4. 机铰时，应使工件一次装夹进行钻、扩、铰，以保证铰刀中心线与钻孔中心线同轴。（　）
5. 由于铰孔属于精加工，所以切削液的作用应以润滑为主。（　）
6. 机铰时，为了提高铰削质量，铰孔完成后，要先停车再退出铰刀。（　）

三、选择题（将正确的答案填在横线上）

1. 锪孔时的进给量应为钻孔时的________倍。

A. 1.5～2　　B. 2～3　　C. 3～4

2. 铰刀齿数一般为4～8齿，为测量直径方便，多采用________齿。

A. 偶数　　B. 奇数　　C. 偶数或奇数

3. 整体圆柱铰刀的规格是指________的直径。

A. 校准部分　　B. 紧接切削锥之后　　C. 柄部

4. 为避免铰削时因铰刀顺时针转动而产生自动旋进现象，同时还能使铰下的切屑容易被推出孔外，一般螺旋槽铰刀的旋向做成________。

A. 右旋　　B. 左旋　　C. 左、右旋均可

5. 铰削铸铁工件时，采用煤油冷却润滑会引起孔径________。

A. 缩小　　B. 扩大　　C. 缩小或扩大

四、问答题

1. 扩孔有哪些特点？

2. 简述锪孔操作要点。

3. 铰削余量为什么不能太大或太小?

4. 简述铰削锥孔时的操作要点。

课题三　螺 纹 加 工

一、填空题（将正确的答案填在横线上）

1. 攻螺纹按其操作方法分为________和________两种。

2. 丝锥是加工________的工具，它由________和________组成，工作部分由________和________组成。

3. 成组丝锥切削量的分配形式有________和________两种。通常 M6 ~ M24 丝锥每组有________支，M6 以下及 M24 以上的丝锥每组有________支，细牙螺纹丝锥每组有________

支。

4．使用不等径丝锥时必须按________、________、________顺序进行。它主要用于直径较小或直径较大以及螺纹精度要求较高的场合。

5．在一组等径丝锥中，各支丝锥的大径、__________、________均相等，仅切削锥的________及________不等。

6．常用的圆板牙有________圆板牙和可调圆板牙。其中，可调圆板牙又分为________可调圆板牙和切向可调圆板牙两种。

二、判断题（在括号内正确的打“√”，错误的打“×”）

1．圆板牙由切削锥、校准部分和容屑孔组成，一端有切削锥。（　　）

2．不等径丝锥的切削量分配比较合理，切削省力，各支丝锥磨损量差别小，寿命长，攻制的螺纹表面粗糙度值小。（　　）

3．整体圆板牙的圆周上开一V形槽，其作用是便于板牙在板牙架中的紧固。（　　）

三、选择题（将正确的答案填在横线上）

1．不等径三支一组的丝锥，切削量的分配为________。

A．1∶2∶3　　B．1∶3∶6　　C．6∶3∶1

2．攻螺纹前的底孔直径应________螺纹小径。

A．稍大于　　B．稍小于　　C．等于

3．攻螺纹前在孔口倒角，倒角直径应________螺纹公称直径，以方便丝锥顺利切入，并可防止孔口挤出毛刺。

A．等于　　B．稍小于　　C．稍大于

4．攻盲孔螺纹时，由于丝锥的切削锥部分不能攻出完整的螺纹牙型，所以钻孔深度要________螺纹的有效长度。

A．等于　　B．大于　　C．小于

5．套螺纹时，由于圆板牙切削锥对材料不但有切削作用，还有挤压作用，其牙顶将被挤高，所以圆杆直径应________螺纹公称尺寸。

A．等于　　B．大于　　C．小于

四、问答题

1．简述手工攻螺纹时的操作要点。

2. 简述套螺纹时的操作要点。

五、计算题

1. 计算攻制钢件螺纹 M8、M20×1.5 的底孔直径（精确到小数点后一位）。

2. 计算套 M10 螺纹时的圆杆直径。

3. 分别在钢件和铸铁件上攻制 M12 的内螺纹，若螺纹的有效长度为 35 mm，求攻螺纹前钻底孔钻头的直径及钻孔深度。

第二篇　工具的结构与制作

第四单元　量具、刀具的结构与制作

课题一　量具的结构与制作

一、填空题（将正确的答案填在横线上）

1. 外径千分尺的工作原理是利用____________将测微螺杆的_________转变为微分筒上的圆周刻线读数。

2. 合像水平仪的水准器内气泡两端圆弧分别由_________个不同方位的棱镜反射至窗口里__________内，分成两半合像。

3. 平板按用途可分为__________、__________和____________等。

4. 可动型研具在研磨过程中，样板_____________，手握研具在样板型面上移动。可动型研具的形状__________要与样板的型面完全一致。

5. 量规在检测工件时，其工作面要求有较高的________和较低的________________，其材料的选用应具备：____________、__________和__________、较好的切削加工性能和热处理性能。

6. 校对样板的__________和____________的要求必须高于工作样板。

二、判断题（在括号内正确的打“√”，错误的打“×”）

1. 用剪板机剪切板料，应注意留有足够的加工余量。（　　）

2. 利用光学量仪检验是一种用于一般检验的测量方法，它适用于检验测量面形状复杂而精度要求不高的样板。（　　）

3. 卡规是用来检验轴类零件外圆尺寸的量规。（　　）

4. 量规的时效处理是将量规放入120～176℃的炉内保温1～8 h，进一步消除量规的内应力，获得较稳定的组织状态。（　　）

5. 渗碳钢的特点是硬度和耐磨性高，耐腐蚀性好，热处理变形小，但稳定性差。（　　）

三、选择题（将正确的答案填在横线上）

1. 常用来制作量规的材料是________。

A. 合金工具钢　　B. 高速钢　　C. 硬质合金

2. 冷处理能提高量规的硬度、耐磨性，稳定量规尺寸。但冷处理会产生内应力，还应进行________。

A．回火　　B．退火　　C．时效处理

3．制作平板的关键工序是________。

A．时效处理　　B．精刨工作面　　C．刮削工作面

四、名词解释

1．样板热处理

2．电刻标记法

3．气相防腐蚀

五、问答题

1．合像水平仪由哪几部分构成？如何进行操作使用？

2．样板制作时有哪几项技术要求？

3. 简述样板的检验方法。

课题二　刀具的结构与制作

一、填空题（将正确的答案填在横线上）

1. 金属切削加工是指利用________切除被加工零件________的加工方法。

2. 切削加工时，刀具和工件之间的相对运动叫作__________。

3. 在切削加工过程中，工件上形成________、________、________三个表面。

4. 切削用量是指切削加工过程中__________、__________和________的总称。

5. 当刀尖是主切削刃的最高点时，刃倾角是__________，切削时的切屑向__________方向流出，不会擦伤已加工表面，但刀尖强度较差。

6. 铣削刀具是一种多刃刀具，它适用于加工__________、__________、________、成形表面以及切断等。

7. 按照齿轮轮齿加工原理不同，齿轮加工刀具可分为______________齿轮加工刀具和________齿轮加工刀具两大类。

8. 刃磨螺旋槽刀具时，应使用砂轮的锥面刃磨刀具的________。

二、判断题（在括号内正确的打“√”，错误的打“×”）

1. 主运动是指进行切削时最主要的、消耗动力最大的运动，它使刀具与工件之间产生相对运动。（　　）

2. 切削加工时，主运动只有一个，进给运动可以有一个或多个。（　　）

3. 切削用量不会直接影响工件加工的质量、刀具的磨损和寿命、机床的动力消耗及生

产率，因此可以随意选择切削用量。 (　　)

4．过切削刃选定点与过渡表面相切并垂直于基面的平面为正交平面。 (　　)

5．齿轮加工刀具是加工齿轮轮齿的专用刀具。 (　　)

6．普通铲齿刀具的后面在热处理淬火后需再刃磨，高精度的铲齿刀具在热处理淬火后必须在铲齿车床上用砂轮刃磨齿背。 (　　)

三、选择题（将正确的答案填在横线上）

1．下列运动中________是主运动。

A．车削时车刀的纵向或横向运动

B．刨削时工件的移动

C．钻削时钻头的旋转

2．________是金属切削中应用最为广泛的一种刀具。

A．铣刀　　B．车刀　　C．麻花钻

3．在研磨可转位刀片时，研磨前应将刀片厚度按每挡________mm 分类，分批进行研磨。

A．0. 05　　B．0. 10　　C．0. 50

四、名词解释

1．切削速度

2．基面

3．钎焊

五、问答题

1．选择切削用量的原则是什么？应如何进行选择？

2. 简述铣削刀具的种类及应用场合。

3. 可转位刀片在使用时，其定位、夹紧的方式有哪些？特点是什么？

4. 已知工件毛坯直径为65 mm，主轴转速为500 r/min，一次车成直径为60 mm的轴，求切削深度和切削速度。

第五单元　夹具的结构与制作

课题一　夹具的结构与功用

一、填空题（将正确的答案填在横线上）

1. 在机床上用以________的装置称为机床夹具。

2. 确定________在机床上或夹具中占有________的元件（起定位作用的零部件）称为定位元件。

3. 工件定位后将其________，使其在加工过程中保持________不变的装置称为夹紧装置。

4. 将________、________、________等连接成一个整体的基础件（起支承作用的零部件）称为夹具体。

5. 用合理分布的六个定位支承点与________接触来限制工件的六个自由度，使工件在夹具中的位置________的方法，称为________。

6. 长方体工件定位时在工件的底面上均匀地布置三个支承点，可限制工件的$\vec{z}$、$\overset{\frown}{x}$、$\overset{\frown}{y}$三个自由度，该平面称为________________，这三个定位支承点应处于同一个________内，且相互距离要尽可能________。

7. 填写图 5—1 中各定位元件限制的自由度。

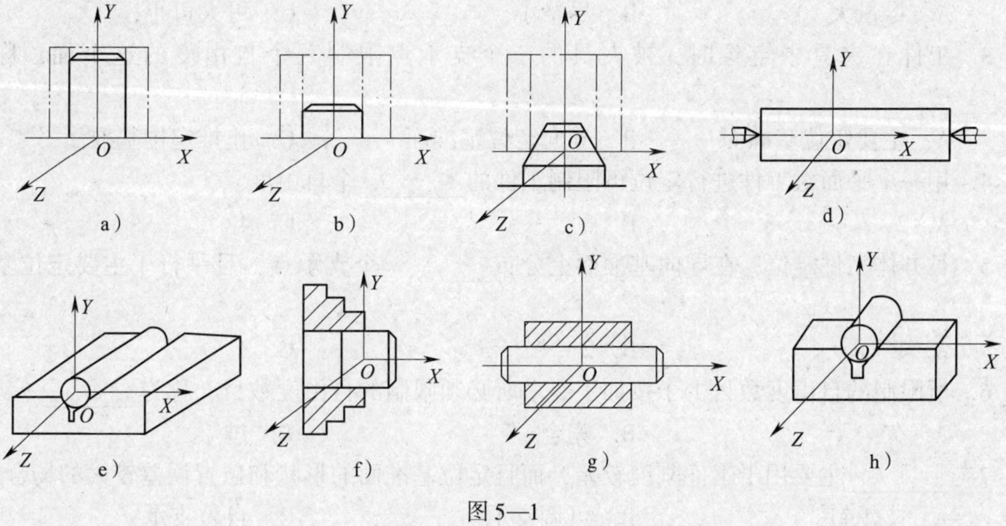

图 5—1

a 图限制了______________；b 图限制了______________；

c 图限制了______________；d 图限制了______________；

e 图限制了______________；f 图限制了______________；

g 图限制了_____________；h 图限制了_____________。

8．夹紧力的三要素是指夹紧力的________、________和________。

9．铣床夹具必须有确定刀具________和__________的元件，以确保迅速得到夹具、机床与刀具的相对位置，通常采用__________来实现。

二、判断题（在括号内正确的打“√”，错误的打“×”）

1．专为某一工件的某一工序而设计的夹具称为通用夹具。（　）

2．为了保证工件被加工表面的技术要求，必须使刀具相对机床处于正确的加工位置。（　）

3．为使工件在夹具中的位置完全确定，六个定位支承点必须根据工件形状和加工要求合理分布。（　）

4．工件在夹具中的六个自由度全部被限制，使工件在夹具中占有完全确定的唯一位置，称为完全定位。（　）

5．夹紧力的作用方向，应尽量与切削力、工件重力方向相反，以减小工件在切削力的作用下所引起的夹紧力的削弱及工件振动。（　）

6．由于在工件斜面上起钻，钻头径向切削分力较大，钻套容易磨损，为保证钻头良好起钻和正确的引导，采用了斜端面可换钻套，以满足加工要求。（　）

三、选择题

1．通过调整或更换个别零部件，能适用多种工件加工的夹具是________。

A．通用夹具　　B．组合夹具　　C．可调夹具

2．如果在一个平面上布置三个支承点，则三个支承点连成一个三角形的面积应________。

A．尽量大　　B．尽量小　　C．可大可小

3．工件在夹具中定位时，被夹具的三个支承点限制三个自由度的这个面，称为________。

A．主要定位基准面　　B．导向定位基准面　　C．止推定位基准面

4．用一个平面对工件进行定位可限制工件的________个自由度。

A．2　　B．3　　C．4

5．长方体工件定位，在导向基准面上分布________个支承点，且平行于主要定位基准面。

A．1　　B．2　　C．3

6．所限制的自由度数目少于按加工要求所必须限制的自由度数目，称为________定位。

A．欠　　B．完全　　C．过

7．________主要用于工件刚度较差，而且定位基准面的形状和位置误差较大的场合。

A．支承钉　　B．可调支承　　C．自位支承

8．利用已精加工且面积较大的平面定位时，应选用的基本支承是________。

A．支承钉　　B．支承板　　C．辅助支承

9．外圆柱工件采用长定位套定位时，可限制________自由度。

A. 2 个移动　　B. 2 个转动　　C. 2 个移动和 2 个转动

10. 长轴类工件在圆柱面上布置________个支承点，称为双导向支承。

A. 2　　B. 3　　C. 4

11. ________结构简单，增力倍数大，在气动和液压夹具中应用广泛。

A. 铰链夹紧装置　　B. 偏心夹紧装置　　C. 螺旋夹紧装置

四、名词解释

1. 定位

2. 完全定位

3. 不完全定位

4. 偏心夹紧装置

5. 固定式钻床夹具

五、问答题

1. 在生产中机床夹具有哪些功用?

2. 什么叫六点定位规则？

3. 什么叫欠定位？欠定位对加工有何影响？

4. 什么叫过定位？过定位对加工有何影响？如何正确处理过定位？

5．运用六点定位规则，说明在给图 5—2 所示的各工件定位时应限制哪几个自由度。

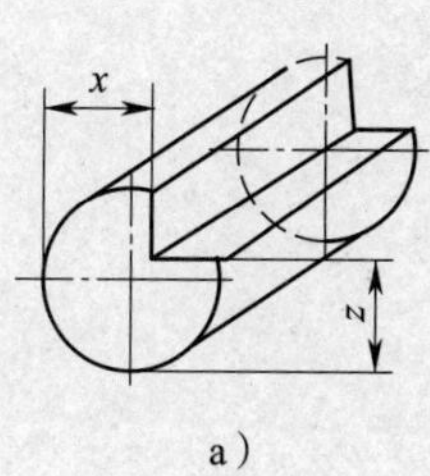

a）

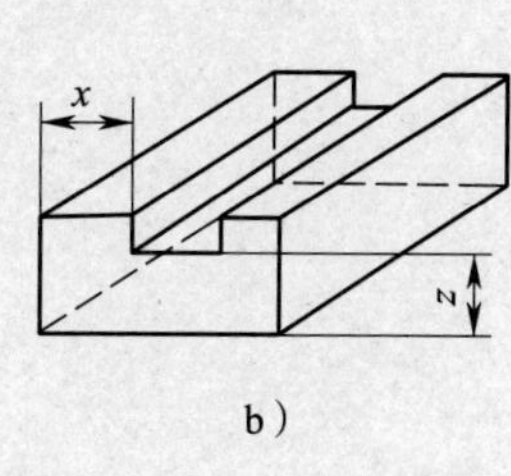

b）

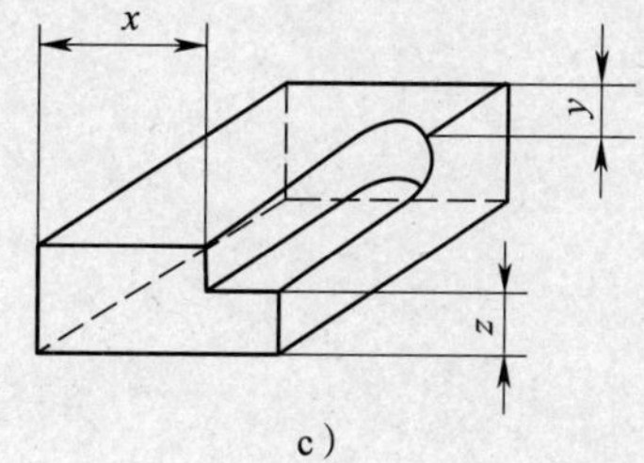

c）

图 5—2

6．工件夹紧时对夹紧装置有哪些基本要求？

7．组合夹具有哪些特点？

8. 常用的夹紧装置有哪些？各有何特点？

课题二　夹具的制作

一、填空题（将正确的答案填在横线上）

1. 钻床、镗床夹具上导套自身的____________、导套与导套或导套与夹具安装基面间的______________直接决定着被加工孔或孔系的____________和______________。

2. 在铣床夹具上，由于常用对刀元件来确定铣刀与夹具的____________，因此，对刀元件的____________将直接影响工件的__________。

3. 对于工具钳工而言，钻模板的加工主要是对钻模板上各类孔及孔系进行__________、__________和__________的加工。

4. 量套找正加工法所用的量套外径一般为________，并经过磨削，高度为________，其端面与外圆柱表面应有较高的垂直度。

5. 当钻孔加工是在普通立式钻床上进行时，由于钻床的主轴只能沿其轴线方向____________，故在加工前，钻模板不得____________。

6. 分度盘的加工可分为________与________两种。

7. 径向分度盘的分度通常分为用__________分度和用________分度。

8. 径向分度盘所用的分度销，一般由工具钳工进行__________、__________加工。

9. 弹簧夹头是一种具有__________的分瓣套筒，它利用________与其他机构配合使用，可以实现工件的__________、________。

10. 弹簧夹头按结构形式分类，可分为________、________和____________。

二、判断题（在括号内正确的打“√”，错误的打“×”）

1. 量套找正加工法是用预先布置好的量套来确定钻模板上孔的位置，并使钻床主轴的轴线与量套轴线重合，然后实施加工的方法。（　　）

2. 钻套加工中最重要的工序是磨削加工。（　　）

3. 在调整钻床主轴与钻模板相对位置时，必须通过移动钻模板，使钻床主轴的轴线与量套的轴线垂直后，方可将钻模板紧固在钻床的工作台上。（　　）

4. 加工用分度槽分度的径向分度盘，工具钳工的主要工作是对分度槽进行修配。（　　）

5．弹簧夹头按工作孔径的大小可以分为5 mm以上孔径和5 mm以下孔径两类。（　）

6．为了保证被加工工件的尺寸精度，夹具的定位、制作及调整的误差总和不能超过工件工序公差的1/3。（　）

三、选择题（将正确的答案填在横线上）

1．由工具钳工通过精密划线的方法来加工钻模板时，由于受到划线、对刀等因素的影响，其孔距精度一般只能控制在________mm以内。

A．±0.05　　B．±0.10　　C．±0.20

2．对于直径小于________mm的钻套，热处理后要在磨床上磨削是比较困难的，应在热处理淬火前由车床精加工，并留研磨余量，在淬火后由钳工在钻床上加以研磨即可。

A．5　　B．6　　C．8

3．弹簧夹头经淬火、中温回火，硬度可达________HRC。

A．45～50　　B．55～60　　C．65～70

4．夹具体基准平面的平面度允差为________mm，各主要平面的表面粗糙度值为$Ra0.8$～1.6μm。

A．0.005～0.01　　B．0.01～0.02　　C．0.01～0.04

四、问答题

1．简述夹具制作的工艺过程。

2．夹具零件公差的确定原则有哪些？

3．夹具体的检验项目有哪些？

第六单元　模具的结构与制作

课题一　模具的结构与功用

一、填空题（将正确的答案填在横线上）

1. 模具是工业生产的______________，涉及机械、汽车、轻工、电子、化工、冶金、建材等各个行业，应用范围十分广泛，被称之为“____________”。

2. 模具的种类繁多，按加工性质的不同，主要划分为____________和__________。

3. 根据工艺性质分类，冷冲压模具可分为__________、________、_____________、成形模等。

4. 冲裁模是指分离出__________与__________的冲模。

5. 上、下模座和导套、导柱装配组成的部件为__________。

6. 拉深模是指把制件拉压成________，或进一步改变空心体________和________的冲模。

7. 复合模是指在压力机的一次行程中，同时完成__________冲压工序的____________冲模。

8. 按导向件配置形式的不同，标准模架分为____________模架、____________模架、__________模架和____________模架等。

9. 塑料成型模具是型腔模具的一种，虽然成型的方式各有不同，但是从原理上都是使塑料经过________、流动、________三阶段成型为产品的。

10. 注射模的种类繁多，按模具的型腔数目可分为__________和________注射模。

11. 注射模的结构是由注射机的________和制件的__________特点所决定，每副模具均由__________和__________所组成。

二、判断题（在括号内正确的打“√”，错误的打“×”）

1. 模具成型工艺具有高效、节能、成本低、质量好等一系列优点。（　　）

2. 根据工序组合方式分类，冷冲压模具可分为无导向冲模、导柱模、导板模。（　　）

3. 无导向单工序落料模设有专门导向装置。（　　）

4. 无导向单工序落料模具有一定的通用性，通过更换凹模和凸模，调整导料板、定位板、卸料板的位置，可以冲裁不同的制件，还可用于冲孔。（　　）

5. 导柱式冲裁模的导向比导板模可靠，精度高，寿命长，使用安装方便，但轮廓尺寸较大，模具较重，制造工艺复杂，成本较高。（　　）

6. 拉深模分为反拉深模、正拉深模和变薄拉深模。（　　）

7. 采用级进模一般生产效率较高，便于实现生产的自动化，操作也比较方便，安全可靠，很适合制品零件的单件生产。 ( )

8. 模架的主要作用是把模具的结构及工作零件连接起来，以保证模具工作部分在工作时有一个确定的相对位置。 ( )

9. 带活动镶块注射模的优点是省去了斜导柱、滑块等结构的设计和制造，模具结构简单，生产效率较高。 ( )

10. 热流道注射模的缺点是模具成本高，浇注系统和控温系统要求高，对制件形状和塑料有一定的限制。 ( )

三、选择题（将正确的答案填在横线上）

1. 在汽车生产中________以上的零部件都需要依靠模具成形。

A. 70%　　B. 80%　　C. 90%

2. 导板式单工序冲裁模比无导向模的精度高，可达________级以上，寿命也较长。

A. IT10　　B. IT11　　C. IT12

3. ________是一个完整的独立整体，它是由各种不同零部件组合而成的。

A. 冷冲模　　B. 弯曲模　　C. 复合模

4. 当制件有侧孔或侧凸要求时，模具上设有活动的侧向型芯或半块（哈夫块），这些部件必须在制件脱模时连同制件一起移出模外，然后通过手工使它与制件相分离。这样的模具称为________。

A. 带活动镶块的注射模　　B. 侧抽芯注射模　　C. 自动卸螺纹注射模

四、名词解释

1. 冷冲压模具

2. 弯曲模

3. 级进模

4. 侧抽芯注射模

5. 热流道注射模

五、问答题

1. 无导向单工序落料模有何特点？

2. 导柱式单工序落料模有何特点？

3. 复合模冷冲模与级进模有什么不同？它有何特点？

4. 简述弯曲模的工作原理。

5. 冷冲模中的工艺结构零件有哪些？

6. 双分型面注射模与单分型面注射模相比有何特点？

7. 抽芯机构按功能划分可分为哪些组件？

8. 带活动镶块注射模与侧抽芯注射模相比有何特点？

9. 注射模通常可以分成哪几个部分？

课题二　模具的制作

一、填空题（将正确的答案填在横线上）

1. 弯曲模的制作顺序一般按制件要求选择。当制件要求有精确的内形尺寸时，可先制作________，再按________配制________，同时保证规定的________。

2. 拉深制件的外形可分为三类，即__________零件、__________零件、__________零件。

3. 模具零件具有__________、________、________的特点，因此，对于模具零件的制作，大多采用传统的切削加工方法。

4. 成形模具零件可采用__________、________以及________等特种量具、量仪进行检测。

5. 模具精度是决定__________精度的重要因素之一。

6. 为了鉴别塑料成型件的质量，装配好的模具必须在________下试模，并根据________存在的问题进行修整，直到试出________成型件为止。

7. 塑料模型芯（凸模）零件在制作时应对精加工后的外形尺寸进行必要的________，以确认型芯是否符合________。

8. 对于型腔的加工，可根据图样所要求的尺寸精度及表面质量采用________、________、________、________等方法进行。

9. 塑料模制作时对于浇注系统的加工一般均按图样要求进行，经________合格后，再________、________、________。

10. 塑料模成型部分的零件主要有________、________及镶块。

二、判断题（在括号内正确的打"√"，错误的打"×"）

1. 对于精度不太高而型面复杂的成形模具，其凸、凹模的精加工大都放在热处理之后进行。（　）

2. 对于精度高、形状复杂的成形模具的工作零件，通常把热处理放在最后一道工序。（　）

3. 粗加工后，应对型芯形状、尺寸和孔与螺孔的位置进行测量检验，以确认留给热处理的变形量和精加工的余量是否合理。（　）

4. 在进行塑料模零件的制作，钳工研磨、抛光型芯成型面时抛光的方向必须与塑料制件脱模方向相反。（　）

5. 塑料模的脱模机构一般在试模中进行修整，直到制件脱模后不变形、外观不受损伤为止。（　）

三、选择题（将正确的答案填在横线上）

1. 冷挤压成形加工后型腔表面精度高，表面粗糙度 *Ra* 值可达________μm。

A. 0.08　　B. 0.10　　C. 0.16

2. 为了保证型腔具有足够的强度和刚性，镀层厚度一般不小于________mm。

A. 3　　B. 5　　C. 6

3. 下列三种加工方法中，经济加工精度最高、表面粗糙度值最小的是________。

A. 刨削　　B. 铣削　　C. 车削

4. 在成形磨削时，加工坯料，磨安装面和基准面，划线加工安装孔，粗加工轮廓，留单边________mm 的余量，淬硬后磨安装面，再成形磨轮廓。

A. 0.1 ~ 0.2　　B. 0.2 ~ 0.3　　C. 0.3 ~ 0.5

5. 模架组装后固定结合面应配合严密，不得有间隙，分型面闭合时的贴合间隙应小于________mm。

A. 0.01　　B. 0.03　　C. 0.05

6. 用平磨或成形磨粗磨出型芯互相垂直的三个基准面及相应的平行面，单面留________mm 的加工余量。

A. 0.1 ~ 0.2　　B. 0.2 ~ 0.3　　C. 0.3 ~ 0.5

四、名词解释

1. 冷挤压成形加工

2. 电铸成形加工

3. 压印锉修制模技术

五、问答题

1. 参照图 6—1 叙述电铸成形加工的特点。

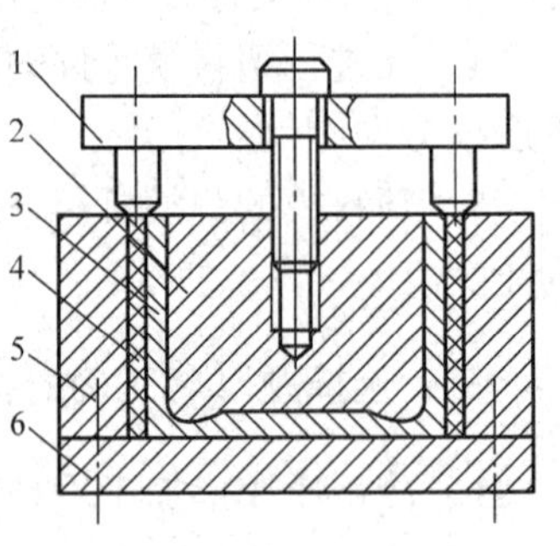

图 6—1

1—卸模架　2—母模　3—电铸型腔
4—粘接剂　5—模套　6—垫板

2. 根据图 6—2 叙述压印锉修的工艺要点及注意事项。

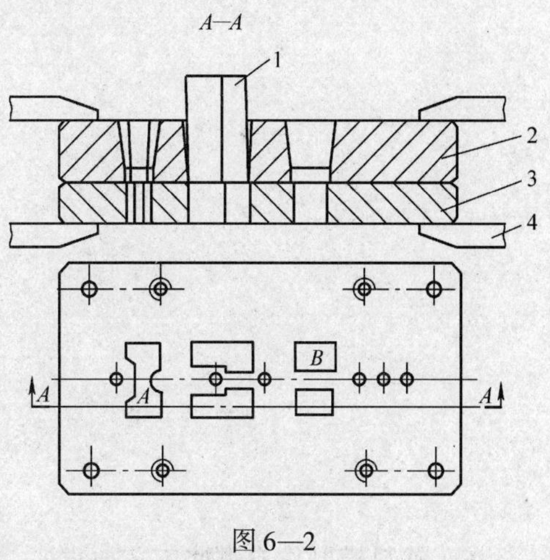

图 6—2
1—凸模　2—凹模　3—固定板　4—平行夹头

3. 简述冲裁模制作要求。

4. 简述弯曲模制作要点。

5. 简述拉深模制作要点。

6. 塑料模制作有哪些工艺要求？

7. 简述塑料模零件的制作要点。

第三篇　工具的装配与使用

第七单元　装配基础知识

课题一　装配工艺概述

一、填空题（将正确的答案填在横线上）

1. 按规定的技术要求，将________或________进行配合和连接，使之成为__________或__________的工艺过程称为装配。

2. 装配工作是装配工艺过程中的主要阶段，分为________装配和________装配。

3. 产品的装配工艺过程，包括装配前的________阶段，________工作阶段，______________阶段和喷漆、封油、装箱阶段。

4. 装配工作的组织形式，一般分为________装配和________装配两种。

5. 在装配前进行的零件密封试验有________和________两种。

6. 旋转零部件的不平衡形式有__________和__________两种。

7. 对于相配合的两零件，在不得已必须采用破坏性拆卸时，应保存价值________、制造________或质量________的零件。

8. 常用拆卸过盈连接的方法有__________法、________法、________法、加热法和破坏性拆卸法等。

9. ________法是一种静力拆卸方法，适用于拆卸精度较高的零件。

10. 气焊常用于修复断裂损坏的________钢、________钢、__________和有色金属及其合金零件，还可以修复________零件和低熔点合金。

二、判断题（在括号内正确的打"√"，错误的打"×"）

1. 清洗橡胶制品，如密封圈等，既可使用酒精或化学清洗剂清洗，也可使用汽油清洗。（　　）

2. 旋转件的长径比无论大或小，只需进行静平衡即可正常工作。（　　）

3. 流水装配法主要应用于单件生产和小批量生产。（　　）

4. 试车主要检验机器运转的灵活性、振动、工作温升、噪声、转速、功率等性能是否符合要求。（　　）

5. 机械设备拆卸时，一般从内部拆至外部，从下部拆至上部，先拆零件后拆部件。（　　）

6．对不易拆卸或拆卸后会降低连接质量和损坏一部分连接零件的，应当尽量避免拆卸。
（　　）

7．当零件磨损而不能完成预定的使用功能时，就必须更换。（　　）

8．零件磨损或局部断裂时，可用焊接的方法进行修复。（　　）

三、选择题（将正确的答案填在横线上）

1．________法密封性实验适用于承受工作压力较高的零件。

A．气压　　B．液压

2．装配精度完全依赖于零件加工精度的装配方法是________。

A．互换装配法　　B．修配法　　C．调整法

3．封闭环公差等于________。

A．增环公差　　B．减环公差　　C．各组成环公差之和

4．根据装配精度（即封闭环公差）对装配尺寸链进行分析，并合理分配各组成环公差的过程，称为________。

A．装配方法　　B．解尺寸链　　C．检验法

四、名词解释

1．装配

2．装配工序

3．装配工步

4．封闭环

5．减环

五、问答题

1．装配组织形式有哪几种？各有何特点？

2．装配单元系统图有何作用？

3．常用的清洗剂有哪些？零件清洗时应注意哪些事项？

4. 旋转零件为什么必须进行平衡实验？简述静平衡方法。

5. 尺寸链具有何特性？

6. 常用的装配方法有哪几种？各有何特点？

7. 简述设备磨损零件的修换原则。

8. 零件常用的修复方法有哪些？

六、计算题

1. 有一尺寸链，各环基本尺寸及极限偏差如图 7—1 所示，计算装配后封闭环 A_{Δ} 的极限尺寸。

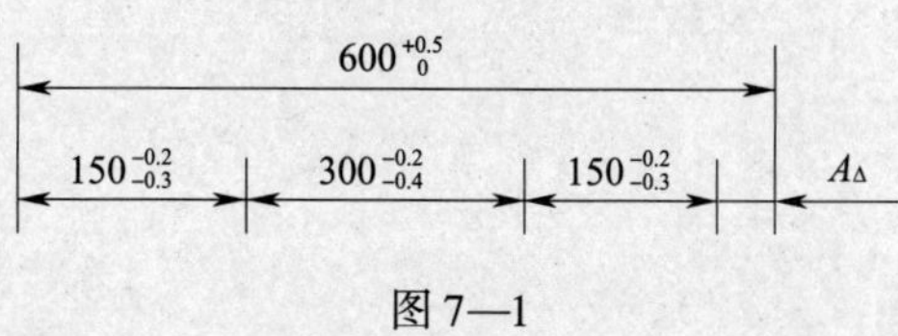

图 7—1

2. 加工如图 7—2 所示的零件，现仅有外径千分尺供选用，求 *A*、*B* 间应控制的极限尺寸。

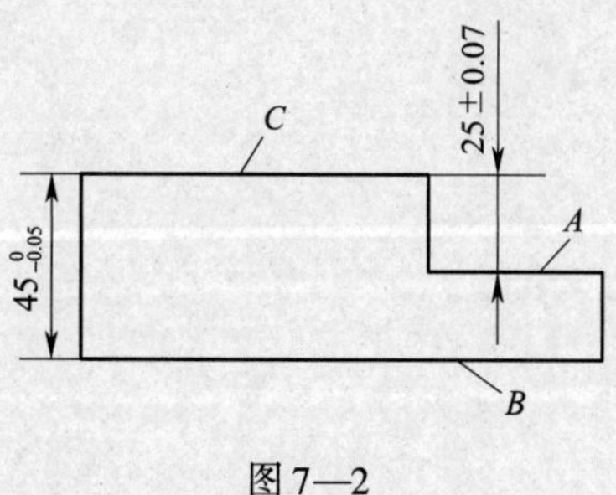

图 7—2

3. 如图 7—3 所示为一齿轮箱体部分示意图，按设计要求，齿轮轴端面和轴套之间必须保证 1 ~ 1.5 mm 的间隙，验算图中所给尺寸的偏差能否满足设计要求。

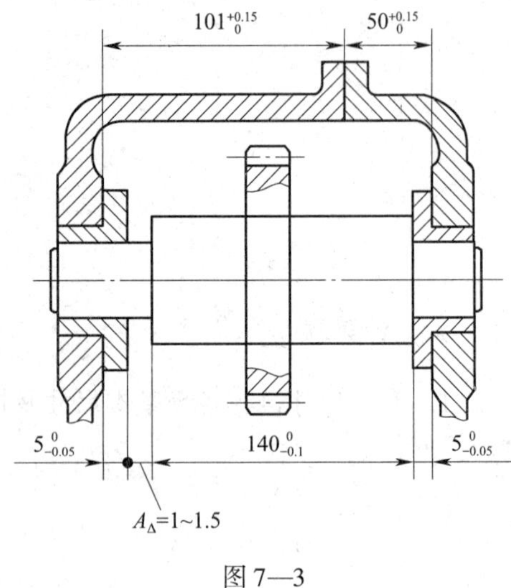

图 7—3

4. 如图 7—4 所示齿轮箱部件，装配技术要求为轴向间隙 $A_\Delta = 0.2 \sim 0.5$ mm。已知 $A_1 = 160$ mm，$A_2 = 140$ mm，$A_3 = 20$ mm，试用完全互换法解尺寸链。

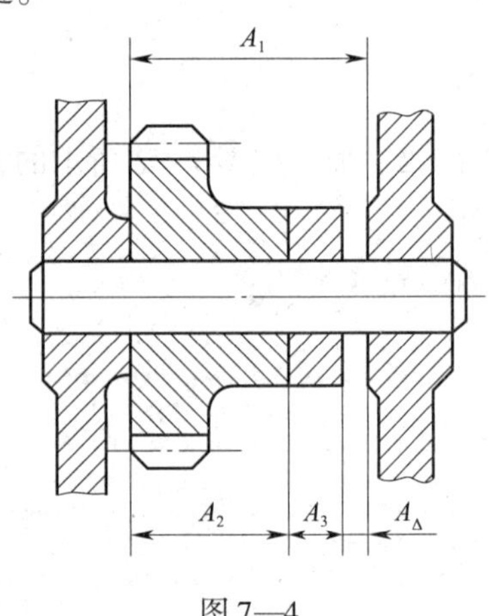

图 7—4

课题二　固定连接的装配与修理

一、填空题（将正确的答案填在横线上）

1. 在机械产品中零件之间的连接方法包括固定连接和________连接两种，其中最常见的固定连接有________连接、________连接、________连接和过盈连接等。

2. 螺纹连接的主要类型有________连接、________连接、________连接和紧定螺钉连接等。

3. 螺纹配合精度由______________和____________两个因素确定，分为__________、________、________三种。

4. 螺纹连接常用预紧力的控制方法有：________________________________、________________________和_____________________________。

5. 螺纹连接常用防松方法有____________防松、____________防松和______________防松。

6. 键连接可分为__________连接、__________连接和__________连接。

7. 楔键连接靠__________作用来传递扭矩，能__________固定零件，并传递单方向的________力，但使轴上零件与轴的配合产生偏心和歪斜，多用于对中性要求________、转速较低的场合。

8. 花键连接具有承载能力________、传递扭矩________、同轴度__________和导向性________等优点，但制造成本高，适用于载荷大和同轴度要求________的传动机构中。

9. 销连接在机械中的主要作用是________、__________和__________。

10. 圆锥销具有________的锥度，以________端直径和________代表其规格。

11. 销连接装配时，被连接件的两孔应________钻、铰加工。

12. 圆锥销装配时应以圆锥销长度的________左右能自由插入为宜。敲入后，锥销的大端可__________被连接件。

13. 过盈连接是一种靠__________和__________配合后的________来达到紧固连接目的的连接方法。

14. 过盈连接能传递扭矩、________力和一定的________载荷，具有结构简单、同轴度________、承载能力________等优点。

15. 按使用要求不同，铆接可分为________铆接和________铆接两大类。

16. 按使用要求不同，固定铆接可分为________铆接、________铆接和强密铆接。

17. 按使用的材料不同，粘合剂可分为____________和____________两大类。

二、判断题（在括号内正确的打“√”，错误的打“×”）

1. 用双螺母拧紧双头螺柱，是将两个螺母相互锁紧在双头螺柱上，再转动螺母将双头螺柱拧入螺孔。（ ）

2. 串联钢丝法防松，装配时应注意钢丝的穿绕方向。（ ）

3. 开口销与带槽螺母防松，多用于静载荷和工作平稳处。（ ）

4. 松键连接不如紧键连接对中性好。（ ）

5. 普通楔键连接，键的上下两面是工作面，键侧与键槽间有一定间隙。（ ）

6. 装配紧键时，要用涂色法检查键两侧面与轴槽和毂槽的接触情况。（ ）

7. 圆柱销多次装拆对连接的紧固性及定位精度影响较小。（ ）

8. 钻削圆锥销孔，按圆锥销大端直径尺寸选用钻头。（ ）

9. 圆柱销一般依靠微量过盈固定在孔中，用以定位和连接。（ ）

10. 过盈连接一般属于可拆卸的连接。（ ）

11．液压套合法装拆过盈连接，不仅需要很大的轴向力，同时容易损伤配合表面。（　）

三、选择题（将正确的答案填在横线上）

1．双头螺柱装配时，其轴心线必须与机体表面________。

A．同轴　　B．平行　　C．垂直

2．拧紧成组螺钉或螺母时，应从________、分层次、逐步拧紧，以保证连接件及螺钉受力均匀。

A．左端开始向右端　　B．右端开始向左端　　C．中间开始向两边对称

3．以下________为螺纹连接的机械防松装置。

A．止动垫圈　　B．弹簧垫圈　　C．双螺母

4．松键装入键槽后，键的顶面与轮毂键槽底部应有一定的________。

A．过盈　　B．间隙　　C．过盈或间隙

5．松键连接能保证轴与轴上零件有较高的________。

A．同轴度　　B．垂直度　　C．平行度

6．钩头楔键装配后，键的钩头应与轮毂端面间________。

A．有一定间隙　　B．紧贴　　C．靠近

7．轴上零件轴向移动距离较大时，采用________连接。

A．半圆键　　B．导向平键　　C．滑键

8．动花键连接装配时，内花键零件应能在花键轴上________。

A．固定不动　　B．自由滑动　　C．自由转动

9．过盈连接装配时，装配过程应连续，速度要稳定，不宜太快，一般以________mm/s为宜。

A．2～4　　B．3～5　　C．4～6

10．相配合的孔口和轴端应有________的倒角，以便于装配。

A．3°～5°　　B．4°～6°　　C．6°～8°

11．沉头铆钉铆合头所需长度应为圆整后铆钉杆径的________倍。

A．0.8～1.2　　B．1.25～1.5　　C．1.5～1.8

12．使用无机粘合剂时，选用的接头形式应尽量使用________。

A．对接　　B．搭接　　C．套接

四、问答题

1．螺纹连接的基本类型有哪些？分别适用于什么场合？

2．螺纹连接装配的技术要求有哪些？

3．螺纹连接进行预紧的目的是什么？

4．螺纹连接的损坏形式有哪几种？应如何进行修理？

5．简述松键连接的装配技术要求。

6．键的损坏形式有哪几种？应如何进行修理？

7. 简述过盈连接的装配技术要求。

五、计算题

用半圆头铆钉搭接连接厚度为 8 mm 和 2 mm 的两块钢板，试选择铆钉直径和长度。

第八单元　夹具的装配与使用

课题一　夹具的装配

一、填空题（将正确的答案填在横线上）

1. 夹具的装配是夹具制作中的________工序，装配质量的优劣，对整个夹具的________起着极其重要的作用。

2. 夹具的精度是依靠零件的________和________来保证的，其中装配工艺对装配精度起着________的作用。

3. 螺旋夹紧装置的螺纹________不能太大，以免松动；螺纹作用力的方向应与接触面________，有弹顶装置的，要确保其________。

4. 组合夹具的装配就是把组合夹具的各个________和________，按一定的________和________组装成加工所需的夹具的过程。

5. 组合夹具试装的目的主要是检验夹具组装方案的________，并对原方案进行________和补充，以便使所组装的夹具满足________________。

6. 专用夹具的装配，其过程一般由装配前的________、________、________及检验等工艺过程所组成。

7. 最后装配与预装配的区别在于，最后装配完毕后，夹具所有技术指标都必须达到夹具总装图所要求的________及________，保证其获得________的产品。

8. 对于车床夹具的调整，一般将试装后的夹具总成安装到车床主轴上，保证车床主轴________与圆形基础板工作面________。

9. 组合夹具在组装和调整时，若任选一个方向定位，则应选择________方向定位，定位面________，定位精度________。

二、判断题（在括号内正确的打“√”，错误的打“×”）

1. 调整是组合夹具装配的关键，其目的是确保组合夹具装配的精度。（　　）

2. 在夹具装配时应合理选配元件，要求所选元件具有完全互换性，制造精度要高。（　　）

3. 由于专用夹具大多采用大批量生产模式，为及时发现夹具设计或相关零件加工后存在的问题和缺陷，应进行预装配。（　　）

4. 预装配对于复杂或采用修配装配法的专用夹具尤为重要。（　　）

5. 夹具装配、检验合格后，可对夹具体等部位进行打标记、喷涂油漆，对部分零件或部位涂油，以便存放和交付使用。（　　）

6. 对夹具装配精度的检验，可选用制作精密样件或专用检验工具的方法来检验。
( )

7. 在选用检验方法时，采用的检测手段和方法要比夹具的精度等级高，过低则检验无效，过高可以提高精度。 ( )

8. 在夹具的各部分均紧固后，还需要进行试加工工件验证夹具的装配精度。 ( )

三、选择题（将正确的答案填在横线上）

1. 斜楔夹紧装置工作斜面（接触斜面）的表面粗糙度应达到 *Ra*1.6 μm，相互贴合面达到________。

A. 60% B. 70% C. 80%

2. 测定元件间的相关尺寸时，相关尺寸公差一般为工件尺寸公差的 1/5 ~ 1/3，在实际调整中，一般可调整至 ±0.01 ~ ±________mm 范围内。

A. 0.02 B. 0.03 C. 0.05

3. 为了使支承件连接稳定牢固，在修整支承平面的接触精度时，应使支承平面中凹，其间隙通常在________mm 范围内。

A. 0.01 ~ 0.05 B. 0.02 ~ 0.05 C. 0.05 ~ 0.10

四、问答题

1. 夹具的装配精度项目主要有哪些？

2. 简述夹具导向装置的装配要点。

3. 简述夹具定心夹紧机构的装配要点。

4. 简述专用夹具装配前准备阶段的主要工作。

5. 简述对装配完毕的夹具进行总检验的方法。

6. 组合夹具的调整工作主要有哪些？

7. 对一定数量的加工件进行检测，以检测的结果来验证夹具的质量，其验证的内容有哪些？

课题二　夹具的使用与维护

一、填空题（将正确的答案填在横线上）

1. 正确地________和________夹具对保证产品质量、延长夹具使用________、降低生产________是非常重要的。

2. 通用夹具按用途一般分为两大类，一类是以__________为主的通用夹具，如机用平口钳；另一类是以__________为主的通用夹具，如莫氏锥套。

3. 可倾平口钳主要是指万能平口钳，它可在________、________两个平面内回转，适用于万能工具铣床、工具磨床及平面磨床等。

4. 卸锥套或刀具时，一定要用________。锥套的内、外锥一旦有磕伤或拉痕，要及时用________或________修复。

5. 钻床夹具的使用与维护工作，主要是正确地将钻床夹具安装在________________及__________________。

6. 钻模板是钻床夹具上的重要组件，主要用来__________，有的还兼有夹紧功能，故应有一定的________和________。

7. 当钻模板妨碍工件装卸或钻孔后需攻螺纹时，可采用________________。但该类模板不适合于钻削________________的场合。

8. 可卸式钻模板在加工完一个工件后，需将模板卸下后才能装卸工件。使用这类钻模板，装卸钻模板较________，钻套的位置精度较________。

9. 钻套是钻模上的重要元件，它安装在钻模板或夹具体中。其作用是确定被加工工件上孔的________，________钻头、扩孔钻或铰刀，以防止其在加工过程中________，并增强刀具系统________。

10. 带肩式固定钻套主要用于__________的钻模板，它是利用台肩端面使钻套________与钻模板保持________。

11. 固定式钻套采用 H7/n6 配合压装在钻模板孔内，一般磨损后__________，多用于生产批量__________的__________孔的加工。

二、判断题（在括号内正确的打“√”，错误的打“×”）

1. 快速夹紧平口钳适用于成批和单件生产。（　）

2. 三爪自定心卡盘使用前后均应将各部位，尤其是移动的三爪处擦净、上油。（　）

3. 钻夹头主要用来装夹各种直柄刀具，也可装夹锥柄刀具。（　）

4. 钻夹头的活动部位要经常擦净，加油润滑。（　）

5. 莫氏锥套可在钻床、车床等设备上装夹各种带莫氏锥柄的刀具，其内外锥分别与刀具和机床主轴内锥相配。（　）

6. 固定式钻模板结构简单，钻孔精度高。但这种结构对某些工件而言，装卸不太方便。（　）

7. 可换式钻套在更换钻套时，不必拧出螺钉，只要将钻套削边转至螺钉处，就可迅速取出钻套进行更换。（　）

8. 设计车床夹具时，应尽可能使其重心远离主轴，以便减轻主轴轴承的磨损，减小振动对工件加工质量的影响。（　）

9. 车床用夹具心轴，一般以中心孔定位，不必调整床头和尾座顶尖。（　）

10. 调整铣床夹具时，为了保证工件加工部位与某一个走刀方向平行，须用百分表找正调整夹具体侧面（基准）精度，要求具有较高的定位面。（　）

11. 使用气动夹具时，所提供的气压不得高于夹具需要的计算值，否则不能使用。（　）

三、选择题（将正确的答案填在横线上）

1. 用非标钻套在斜面或圆弧面钻孔，排屑空间 $h<$ ________ mm，可增加钻头刚度，避免钻头的引偏或折断。

A. 0.5　　B. 1　　C. 2

2. 为了确保夹具放置平稳，减少夹具与工作台面的接触面积，可在夹具体上设置支脚，通常支脚设置________个。

A. 2　　B. 3　　C. 4

3. 当工件的被加工孔径大于________mm 时（特别是钢制件），钻床夹具体应有专供夹压用的凸缘或凸台。

A. 5　　B. 10　　C. 20

4. 翻转式钻模适用于加工中小件，包括工件在内的总质量不宜超过________kg，否则，应采用有分度装置的钻模。

A. 5　　B. 10　　C. 15

四、问答题

1. 简述夹具使用和维护的基本要求。

2．使用机用平口钳时有哪些注意事项？

3．选用钻模板时有哪些注意事项？

4．根据图 8—1 叙述可换式钻套的工作原理。

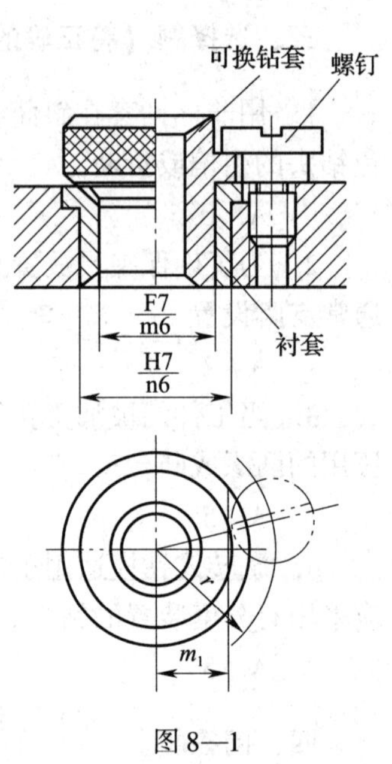

图 8—1

5. 简述组合夹具的使用规范。

6. 组合夹具有哪些特点？

7. 简述夹具的使用和维护保养方法。

第九单元　模具的装配与使用

课题一　模具的装配

一、填空题（将正确的答案填在横线上）

1. 根据冷冲模总装图，把所有的零件____________，使之成为一个整体，并达到所规定的________的一种制造工艺，称为冷冲模的装配。

2. 冲裁模具的凸模、凹模在________前必须先用________进行修磨。

3. 装配好的模具，____________或________应畅通无阻，保证制件或废料能自由排出。

4. 加工固定销孔时，应按________ → ________ → ________的工艺进行。

5. 对于无台阶的凸模，要求涂上__________以增强其结合力；若是直接用螺钉连接的，则应注意其__________，并保证连接__________。

6. 卸料板起____________和____________作用，装配时应保证它与凸模之间有适当的____________。

7. 对于级进模，由于在一次行程中有__________同时工作，保证各凸模与其对应的型孔都有__________________是装配的关键所在。

8. 为了保证冲裁件的加工质量，在装配级进模时要特别注意保证________________和____________之间的尺寸要求。

9. 塑料模闭合后要求分型面____________。在有些情况下，动模和定模上的型芯也要求在合模后保持____________。

10. 导柱、导套装配后，应保证动模板在启模和合模时都能__________，无__________现象。

二、判断题（在括号内正确的打“√”，错误的打“×”）

1. 对于圆孔凹模，在钻线切割工艺孔时，应一并将漏料孔钻出。（　　）

2. 定位装置要保证定位正确、可靠，卸料及顶件装置灵活、正确，出料孔畅通无阻，保证制件及废料不卡在冲模内。（　　）

3. 凸模装配好后，应检查其与上模板的垂直度，然后将固定板的上平面与凸模尾部错开安装。（　　）

4. 为了保证模具有良好的工作状态，卸料板与凸模固定板上的对应孔的位置尺寸也应保持一致。（　　）

5. 导柱、导套均安装在塑料模的动模部分上，是模具合模和启模的导向装置。（　　）

三、选择题（将正确的答案填在横线上）

1. 模柄的圆柱部分应与上模座上平面垂直；模柄装入上模座后，其轴线对上模座上平面的垂直度误差在全长范围内不大于________mm。

A. 0.01　　　　B. 0.02　　　　C. 0.05

2. 上模座的上平面与下模座的底面必须平行，一般要求在 300 mm 长度上误差不大于________mm。

A. 0.01　　　　B. 0.02　　　　C. 0.05

3. 固定复杂异形和对孔中心距要求高的多凸模时，需要采用________。

A. 无机粘接剂固定法　　　　B. 压入固定法　　　　C. 低熔点合金固定法

4. 冲裁厚度小于________mm 的冲模可采用环氧树脂粘接剂固定。

A. 0.5　　　　B. 1　　　　C. 2

5. 浇口套与定模板配合装配后，浇口套与模板配合孔紧密、无缝隙，浇口套和模板孔的台肩应紧密贴合，浇口套要高出模板平面________mm。

A. 0.01　　　　B. 0.02　　　　C. 0.05

6. 推出机构装配时推杆工作端面应高出型面________mm。

A. 0.01～0.02　　　　B. 0.02～0.05　　　　C. 0.05～0.1

7. 推出机构装配时复位杆的端面应低于型面________mm。

A. 0.01～0.02　　　　B. 0.02～0.05　　　　C. 0.05～0.1

四、问答题

1. 对于有模架的冷冲压模具，如何确定其装配顺序？

2. 简述冷冲压模具装配时的操作要点。

3．检查、调整冷冲压模具间隙的方法有哪些？各是如何操作的？

4．推出机构装配时有哪些要求？

5．结合图 9—1，简述抽芯机构在装配滑块型芯时的操作过程。

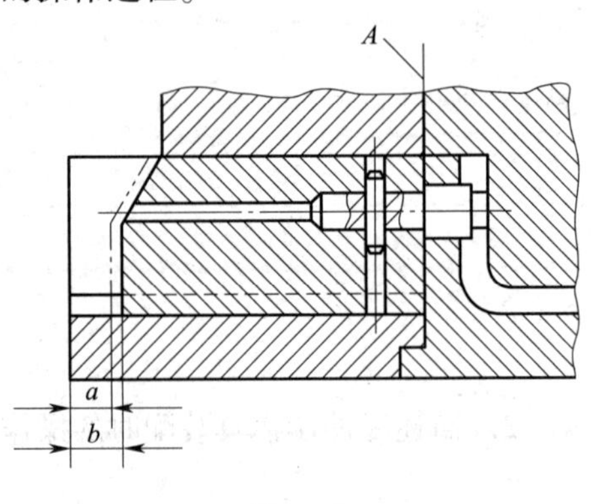

图 9—1

6. 简述塑料成型模具的总装顺序。

课题二　模具的使用与维护

一、填空题（将正确的答案填在横线上）

1. 冷冲模安装时，通常先将上模固定在________上，然后根据________位置固定________。

2. 下模的安装形式与连接方法一般是利用________、________和螺钉直接固定在压力机的________垫板平面上。下模的安装常在________安装之后进行。

3. 根据压力机和冷冲压模具的不同特点和要求，有________、________、________三种固定方法。

4. 冷冲压模具在设备上应定位________、________。安装模具的螺栓、螺母和压板应采用________。

5. 冷冲压模具失效的基本形式主要有四种，即________、________、________和________。

6. 冷冲压模具磨损的形式有________、________、________、________等。

7. 当冷冲压模具零件承受的载荷使零件内部的________超过其自身材料的________时，零件就会产生塑性变形。

8. 冷冲压模具常见的塑性变形失效有：工作零件出现________、________和________，凸模、型芯出现________、纵向弯曲现象，型腔、型孔出现胀大现象等。

9. 塑料成型模具配套部分的安装包括：热流道元件及电气元件的接线、________、液压回路连接、________、________等辅助部分的安装。

10. 选择和调整注射模的工艺参数时，应根据工艺手册中推荐的工艺参数初选温度、压力、时间参数，调整工艺参数时按________、________、________的先后顺序进行。

二、判断题（在括号内正确的打“√”，错误的打“×”）

1. 利用模具的模柄进行安装连接，该安装形式常用于开式压力机上，一般模具比较大。（　　）

2. 利用模具的上模座进行安装连接，该安装形式常用于闭式压力机和大的开式压力机上，一般模具比较小。 (　　)

3. 试模是一项不可缺省的重要工作。 (　　)

4. 在正式试冲前，为了稳妥可靠，操作者需对模具进行全面的检查，检查无误后再进行试模。 (　　)

5. 冷冲模送料不畅通或料被卡死的原因是卸料板的孔位不正确或歪斜，使冲孔凸模产生位移。 (　　)

6. 在保管冲模时，为避免灰尘杂物落入，要使上模与下模直接接触。 (　　)

7. 模具在使用过程中，尤其是在调整过程中，敲打时要注意防止硬物损伤模具的工作部位。 (　　)

8. 模具入库时要进行认真仔细地检查，做好模具技术性能的鉴定。 (　　)

9. 废料切不断的主要原因是操作人员在生产过程中没有及时对废料进行清理，造成废料堆积，最后在上修边刀块的压力下造成废料刀崩刃。 (　　)

10. 对中小型塑料成型模具试模时，无须进行模具预热。 (　　)

11. 为了防止制件溢边，又保证型腔能适当排气，合模的松紧程度很重要。 (　　)

三、选择题（将正确的答案填在横线上）

1. 在冷冲模的固定安装中，压板压紧、螺钉固定点不少于________处。

A. 2　　B. 3　　C. 4

2. 在检查垫条或垫块状况时，垫条或垫板要专管专用，双垫条之间厚度差不得大于________mm。

A. 0.02　　B. 0.03　　C. 0.05

3. 紧固用螺栓的旋合长度应大于螺栓直径的________倍。

A. 1.5　　B. 2　　C. 2.5

4. 对于钢板冲压模，单边刃口间隙取板料厚度的________。

A. 1/10　　B. 1/15　　C. 1/20

5. 一般情况下，毛刺大小的判定标准是毛刺高度不大于板料厚度的________。

A. 1/10　　B. 1/15　　C. 1/20

6. 对于型腔表面有特殊要求的，如表面粗糙度值不大于________μm 的光亮镜面表面，绝不能用手抹或用棉纱擦拭。

A. 0.1　　B. 0.2　　C. 0.8

7. 模具紧固后，模具上推杆固定板和动模支承板之间的间隙不小于________mm，既能顶出制件，又能防止损坏模具。

A. 1　　B. 2　　C. 5

四、问答题

1. 冷冲模安装前的准备工作有哪些？

2．冷冲模在使用时应注意哪些事项？

3．冷冲压模具失效的基本形式有哪几种？它们之间有何关联？

4．塑料成型模具试模的主要目的是什么？

5．塑料成型制品尺寸精度发生变化，不稳定的原因有哪些？应如何排除？

6. 如何调节塑料成型模具合模的松紧程度？

7. 如何正确使用和维护塑料成型模具？

8. 塑料成型模具分型面的磨损应如何修理？